筑境

中国精致建筑100

# 会馆建筑

柳肃 撰文/摄影

中国建筑工业出版社

## 出版说明

中国是一个地大物博、历史悠久的文明古国。自历史的脚步迈入新世纪大门以来，她越来越成为世人瞩目的焦点，正不断向世人绽放她历史上曾具有的魅力和光辉异彩。当代中国的经济腾飞、古代中国的文化瑰宝，都已成了世人热衷研究和深入了解的课题。

作为国家级科技出版单位——中国建筑工业出版社60年来始终以弘扬和传承中华民族优秀的建筑文化，推动和传播中国建筑技术进步与发展，向世界介绍和展示中国从古至今的建设成就为己任，并用行动践行着“弘扬中华文化，增强中华文化国际影响力”的使命。从20世纪80年代开始，中国建筑工业出版社就非常重视与海内外同仁进行建筑文化交流与合作，并策划、组织编撰、出版了一系列反映我中华传统建筑风貌的学术画册和学术著作，并在海内外产生了重大影响。

“中国精致建筑100”是中国建筑工业出版社与台湾锦绣出版事业股份有限公司策划，由中国建筑工业出版社组织国内百余位专家学者和摄影专家不惮繁杂，对遍布全国有历史意义的、有代表性的传统建筑进行认真考察和潜心研究，并按建筑思想、建筑元素、宫殿建筑、礼制建筑、宗教建筑、古城镇、古村落、民居建筑、陵墓建筑、园林建筑、书院与会馆等建筑专题与类别，历经数年系统科学地梳理、编撰而成。本套图书按专题分册，就其历史背景、建筑风格、建筑特征、建筑文化，结合精美图照和线图撰写。全套100册、文约200万字、图照6000余幅。

这套图书内容精练、文字通俗、图文并茂、设计考究，是适合海内外读者轻松阅读、便于携带的专业与文化并蓄的普及性读物。目的是让更多的热爱中华文化的人，更全面地欣赏和认识中国传统建筑特有的丰姿、独特的设计手法、精湛的建造技艺，及其绝妙的细部处理，并为世界建筑界记录下可资回味的建筑文化遗产，为海内外读者打开一扇建筑知识和艺术的大门。

这套图书将以中、英文两种文版推出，可供广大中外古建筑之研究者、爱好者、旅游者阅读和珍藏。

# 目录

# 会馆建筑

会馆是中国古代较晚形成的一种建筑类型，一种特殊的公共建筑。它是由商人、手工业行会或外地移民集资兴建的一种公共活动场所。在性质上大体可分为两类：一是行业性会馆，一是地域性会馆。由于其性质上的特殊和功能上的综合性，使得它在中国古代各种建筑类型中独树一帜，不论在功能布局还是建筑技术和艺术上都取得了很高的成就。可以说，它是中国古代民间建筑最高成就的代表，是中国民间建筑艺术的典型。

# 一、行会和帮会

会馆的产生是中国古代商业经济和传统文化心理两者共同作用的结果。

中国古代以农业为立国之本，手工业、商业都是不受重视的，商人的社会地位也很低下，商业的发展受到严格控制。在唐代以前的城市中，大街上和城市居民居住的里坊内都是没有商店的，商业活动都集中在一两个街区内，称为“市”。如长安城内就只有东西两个“市”。在商业区内，经营同类商品的店铺集中在一起，组成“行”。例如唐代长安城中的东市西市就各有二百二十行。这种“行”本来是由官府为管理和课税的方便而组织起来的，后来便逐渐发展成为既为官府服务又带有自我保护性的商人自己的组织——商业行会。宋代是中国古代商业经济发展的一个高峰，完全打破了唐代以前那种严格管理控制的里坊制，大街小巷遍设商店，甚至出现了灯火通明的夜市，致使城市面貌大为改观。北宋末期翰林画

**图1-1 开封山陕甘会馆**

地域性会馆。位于河南开封市内。由山西、陕西、甘肃三省商人集资兴建。河南是国内会馆较多而集中的地区之一，因地处中原，是东南西北四方商贸集散的中心，尤其西北各省商人建的会馆数量最多。

师张择端所画名作《清明上河图》便是宋代都城汴京商业繁荣的真实写照。

这时期商业行会的发展更为普遍，其作用主要有三：一是避免行业内部竞争，共同经营，利益均沾。二是抵制外来人员经营，保护本行人员的利益。三是为官府的管理、课税服务，但同时也抵制官府的过分剥削。行会的组织也更为完善，每行都有自己的首领，叫“行头”或“行首”、“行老”。外来的商人未经投行不得在当地经营。甚至各行都有自己的衣着装束，走在街上一眼便可知是哪一行的。

明代商业又有了新的发展，主要是交通运输业的发展，促使了工商业地区性分工的出现。往往某一地区以出产某一类商品而闻名。这便导致了大量流动性的行旅商人的出现。于是商业行会的形式也开始变化，出现了一种新的行会组织——会馆。

会馆作为一种建筑类型兴起较晚，可以说它是中国古代各种建筑类型中最晚兴起的一种。中国古代由于历史的原因商品经济发展较晚，因而会馆这种与商业关系密切的建筑类型也兴起较晚。然而会馆虽然是商业性的，但其最初的起源却并非因为商业活动本身，而是由于科举考试的原因。中国古代科举取仕在经过了元朝的战乱和衰落之后，明朝永乐年间恢复了一度中断的科举考试制度，并使科举考试进

图1-2 上海三山会馆

位于上海市中山南路。由福建福州商人集资兴建。三山指福州市内的乌山、于山和屏山，它是福州的代称。其建筑具有福建式阶梯形山墙和上海里弄石库门相结合的特点。

图1-3 北京湖南会馆
位于北京市原宣武区烂缦胡同。因为北京是全国政治、经济、文化中心，因此在这里建会馆的不都是出于商业目的，进京的地方官吏，赶考的学子等都是会馆的常客。这类会馆住宿接待的性质重于商业性质，因而建筑也做得比较朴素。

入鼎盛。每逢科考，来自全国各地的学子汇聚京城，很多考生家境并不富裕，来到京城人地生疏，生活困难。一些地方官吏、士绅和商人捐资在京城设立馆舍，为家乡来京赶考的学生提供食宿便利，于是便产生了一种新的建筑类型——会馆。

目前可以考证到的最早的会馆是位于北京前门外长巷上三条胡同的“芜湖会馆”它建于明永乐十九年（1421年）。这里有一个矛盾，明代刘侗、于奕正所著《帝京景物略》卷之四中有《嵇山会馆唐大士像》一文，其中说：“尝考会馆之设于都中，古未有也，始嘉隆（明嘉靖、隆庆）间，盖都中流寓十土著，游闲屣士绅，爰隶城坊而五之。……用建会馆，士绅是主，凡入出都门者，籍有稽，游有业，困有归也。”这是到目前为止，所能见到的有关会馆的最早记载。刘侗和于奕正的书中写会馆始于嘉隆年间（约16世纪20年代至60年代），而现实中发现的是始于永乐年间（约15世纪初），可能他们当时考证有误。但是不能由此而否定此书的历史价值。

从会馆的起源和相关史书记载来看，会馆一开始就不是纯粹的商业行会的建筑，而是既具有商业性又带有强烈的地方性的特征。因为除行旅商人外，还有赶考的学子，因战争、灾荒而迁徙的移民或其他原因而流动的人员。总之会馆就是为这些流寓他乡的人们所设置的。因此会馆的性质也就比原来的纯商业性的行会要复杂得多。有的是纯商业性的，有的是纯地方性的，有的则两者混杂。在这种情况下，同一会馆中的不同行业又形成"帮"。这种为了抵抗其他社会势力，保护自身利益而组织起来的帮会由原来的纯粹经济性的联合而到后来逐渐发展成一种政治性的组织，有的甚至发展成为称霸一方的强大社会势力。

会馆的产生除上述经济的、社会的原因外，还有一种文化心理上的原因。中国民族在以农业为本的自然经济历史条件下形成了强烈的乡土观念。和西方民族那种到处闯荡四海为家的心理习惯不同，中国人认为"树高千丈，

图1–4 北京的会馆街

作为京城的北京是会馆最多的城市，全国各地的人都在北京建会馆。明清时期各地驻京的会馆多达数百家，且几乎全部集中在城南的正阳门、宣武门、崇文门之外。在这一区域内甚至形成了许多以会馆命名的街巷。

**图1-5 浙江宁波钱业会馆**/上图

位于浙江省宁波市战船街。清同治年间宁波钱业同行在江厦滨江庙设公所。至民国十二年（1923年），因原有公所规模较小，于是购置现今所在处兴建新会馆，即现在的钱业会馆，成为宁波金融业聚会、交易的场所。它是国内目前保存最完好的钱业会馆，行业会馆的典型。

**图1-6 浙江宁波庆安会馆鸟瞰**/下图

浙江宁波是清代以来商业繁荣之地，商业行会聚集，会馆众多。庆安会馆是其中最大的，由甬埠北洋船商捐资创建，它实际上是由天后宫、安澜会馆等多个会馆组成的一个规模巨大的会馆建筑群。

落叶归根”。中国人不论到哪里都喜欢组织“同乡会”之类的组织。一个地方的人对其他地方的人或多或少具有排斥心理，旅居外地的人也必须组织起来对抗当地的势力。这是会馆之所以产生和发展的文化心理根源之一。

此外，信仰习俗的不同也是会馆产生的文化心理原因之一。由于历史的原因，中国古代各地形成了各自不同的信仰习俗，有各自崇拜的神灵；各行业也有自己的“祖师爷”或保护神。崇拜、祭祀的需要也促使会馆的形成。这一点在会馆建筑的名称上也表露出来。例如：山西、陕西等省崇拜关羽，因而山、陕人建的会馆多叫“关帝庙”；湖南、湖北人祭大禹，会馆多叫“禹王宫”；福建人祭妈祖，全国各地的福建会馆都叫“天后宫”（天后即妈祖）。行业会馆也是如此：药材行业的会馆叫“药王宫”或“孙祖殿”；泥木行业的叫“鲁班殿”；船运业祭“明王”建“明王宫”或“王爷庙”；冶铁行建“老君庙”；屠宰行建“桓侯宫”、“张飞庙”；等等。

# 二、市井春秋

会馆自明代前期产生，到后来的发展以及各地发展的不同特点，可以说就是一部中国明清以来城镇经济和社会生活发展的历史缩影。

从明代后期到清代初期这一段是会馆大规模发展的时期。由于明代经济和商业贸易以及交通运输的发展，地区性的商品交流大量增加，又由于明末清初时的战乱等原因引起大量的人口迁移流动，致使会馆在各地大量兴起，并由大城市延伸到一些比较偏远的地区。



会馆的发展有明显的地域性特点，其决定因素是多方面的，主要是商业贸易和交通运输，其次是政治的、文化的因素。明清时期会馆发展比较集中的地区主要有北京、河南、四川、湖南、江浙、福建、台湾等地。北京是明清两代的政治、经济、文化中心，各地商贾、地方官吏、赶考学子等大量云集京都，北京的宣武门、正阳门、崇文门外一带过去就是会馆

图2-1 北京安徽会馆
位于北京后孙公园胡同。北京前门以南一带过去商业最为集中，曾经有会馆上百所，现保存下来的已寥寥无几。此安徽会馆原有四进大院，现仅存戏楼一座，看到这残破的景象，使人感到会馆历史的沧桑。

图2-2 河南社旗山陕会馆

位于河南省社旗县城内。由山西、陕西两省商人集资兴建。社旗镇原为商业集镇，有七十二条街分别为七十二行商贸集中地。随着历史的变迁，这里反而变成了较偏远的地区。

图2-3 四川自贡西秦会馆/后页

位于四川省自贡市内。由陕西盐商所建。自贡是国内著名的"盐都"，盐业历史悠久，在它的带动下，此地商业发达，会馆林立。西秦会馆是其中规模最大、最华丽的一座，也是目前国内现存规模最大，保存最完好的会馆之一。现为自贡盐业历史博物馆。

集中的地方，曾有会馆一百多所。河南地处中原,是联结东南西北四方的枢纽，自古经济繁荣，开封，洛阳等地古代就是有名的商业大都市，至今仍保存有一些规模宏大的会馆建筑。四川虽地处西南，然地广人多，物产丰富，且较少受战乱的骚扰，水路交通发达，各地商贾云集这一天府之地。四川全省几乎每个市县都有会馆，普及之广为全国之首。江浙一带自古经济发达，鱼米丝绸等曾经闻名天下，且有长江、京杭大运河等重要水路交通，这里也是商贾云集之地，苏州、杭州、宁波、绍兴等地过去曾有过很多会馆，至今犹有遗存。湖南地处南北交通要冲。是北方以及西南各省与东南的广东福建交流的主要通途，货物集散和人员交流频繁。据志书所载清代长沙有会馆十几所，洪江有“十大会馆”，益阳有“四宫二殿”等。福建的会馆主要集中在东南沿海。自元代开始，这里就是中国海上贸易的门户，著名的海上丝绸之路就从这里开始。商业贸易明清时达到极盛，福州市以前的商业区——台江区就有会馆二十多所。还有官方建的专门接待外国商人的馆所，例如至今犹存的琉球馆。台湾会馆之多更是理所当然，因为它不仅受东南沿海商业贸易的影响，而且这里根本上就是大陆移民和商人的天下，于各地城镇港口所建会馆不计其数，至今保存下来的也很多。而且台湾的会馆还有一个大陆的会馆所不具有的特点，即由军队建的会馆多。这是特殊的历史条件形成的。清朝政府镇守台湾不用当地人，而是从大陆派兵，这些大陆去的官兵以同乡关系建立起许多会馆，例如台南的桐山营会馆、银同会

图2-4 四川宜宾李庄南华宫

位于四川省宜宾市李庄下河街（现为滨江路）中段，由广东商人所建。始建于清代乾隆年间，光绪二十二年（1896年）重建，宣统二年（1910年）重修。因年久失修现已破败，但从其建筑的造型和细部装饰可以看出当年的华美，且其建筑造型已为今天所少见，非常宝贵。

馆，安平海山馆，台北、鹿港的金门馆，澎湖的妈祖宫、提标馆等均属此类。

除上述这些经济繁荣商贸集中的地区外，在一些偏远的地方过去也有不少会馆。因古代远距离交通运输主要是水上航运，江河便是交通要道，有江河经过的地方往往成为地区间货物贸易集散地。例如湖南湘西的洪江、黔阳、芷江等地，陕西东南角上的丹凤、山阳等地，过去都有很多会馆，说明这些地方曾经一度是商贸繁荣之地。而随着近代铁路公路交通的发展，船运业逐渐失去其重要地位，这些地方也就逐渐变成了被人遗忘的边远角落。至今仍然矗立着的那一座座宏大而残破的会馆建筑似乎在向人们述说着当年的荣耀和沧桑炎凉。

# 三、特殊的公共建筑

中国古代是一个小农生产的农业社会，社会结构的分散性决定了公共建筑形式的特殊性。中国没有古希腊罗马那种为全社会服务的剧场、浴场、城市广场等大型公共建筑，但却有许多为小团体小社会服务的小型公共建筑。会馆就是这种小型公共建筑的典型，它的特点是小而全。所谓小，即只为小团体、小社会（同行或同乡）服务，不对全社会开放；所谓全，即功能上的综合性，集祭祀、聚会、文化娱乐、商务办公、住宿生活等多种功能于一身。

会馆是由商业行会发展起来的一种组织机构，早期的商业行会是没有常设办事机构的，因而也没有固定的活动场所。随着明清时期手工业、商业的发达，尤其是地区间商业贸易的发展，这种有固定活动场所的常设机构应运而生，这就是会馆。会馆一经产生便成了同乡同

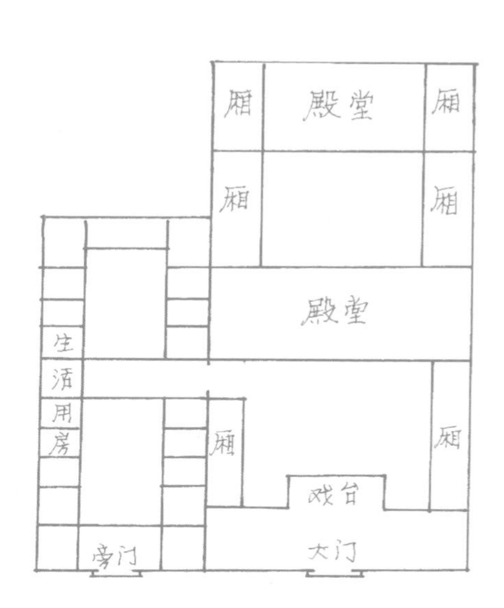


**图3-1 会馆建筑一般布局模式**

由于使用功能上的综合性，会馆建筑在长期的发展中形成了一种基本的布局模式。主轴线上有大门、戏台、庭院、殿堂，为祭祀、聚会、娱乐活动的公共空间。两侧的厢房一般为办事、会客等活动所用。旁边轴线上另外布置接待住宿的生活用房。

行之间一切商务活动、社会活动的中心，也成为他们心理凝聚的中心。这也就决定了会馆建筑使用功能上的复杂性。

首先，祭祀是会馆中的重要活动之一。任何会馆都有祭祀，同行祭行业的祖师，同乡祭乡土信奉的神灵，除此以外有的会馆还供奉其他神灵。因此，祭祀所用的殿堂便是会馆最主要的建筑之一，往往处在中心位置。

会馆是同行、同乡聚会进行商务活动或其他活动的场所，同时，它又是商业行会的办事机构，因此必有供此类活动所用的房间，如会客室、办公用房等。这类用房一般布置在两旁或后面的厢房、楼阁内。

演戏和其他娱乐活动也是会馆中的重要活动。凡遇祭祀或节日，会馆中都要请戏班演戏。因此，戏台也是会馆中必不可少的建筑。它一般建在大门之后，和殿堂相对。

会馆负责接待同乡、同行的住宿、生活。除少数会馆是当地的同行业人所建，大多数都是外地人建的，因此这类会馆都设有专门接待同乡住宿的生活用房。这种生活用房，一般都布置在会馆主体建筑的旁边，另成院落。

会馆的这种综合性功能，在长期的发展过程中使其建筑的总体布局形成了一种基本的模式。一般说来，会馆建筑的整体布局按两条轴线分布，即主轴线和次轴线。主轴线上依次排

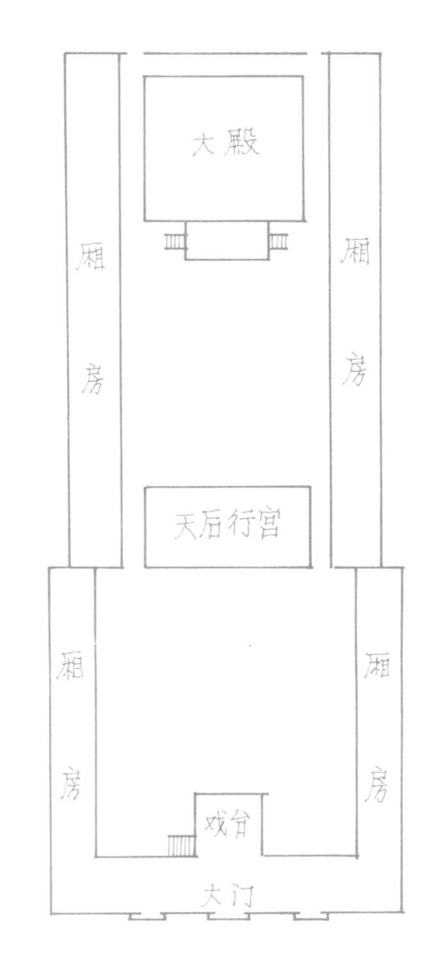


**图3–2 烟台福建会馆平面布局图**

位于山东省烟台市内，福建商人所建，又名“天后行宫”。其布局为一般会馆建筑的常见布局方式。旁边的生活用房已不存。这种情况在国内现存的会馆中大多如此。因这些生活用房基本上类似于一般住宅，大多没能保存下来。

图3-3 河南开封山陕甘会馆庭院

河南省开封市的山陕甘会馆因前面大门戏台至大殿之间的庭院较为狭长而深远，于是在庭院中间置一牌楼，以改变这种空间的狭长感。这种布局方式与一般会馆布局方式有所不同。

列着大门、戏台、前殿、后殿，以及两侧的厢房，这是会馆的主体部分。次轴线上是由生活用房组成的庭院，和主体部分隔开，另有大门进出，同时又有小门和主体部分相通。平时会馆内的住宿客人出入可以不通过主体部分，而主体部分举行祭祀、聚会、演戏等活动时也不会打扰住宿生活，使用方便，互不干扰，布局设计是很合理的。一般会馆建筑均是按照这种模式布局的。

有的会馆由于祭祀对象较多，一两座殿堂尚不够用，需要多座殿堂，而由于地形条件限制，又不能过于向纵深发展。在这种情况下，会馆建筑的布局就不是按两条轴线来排列，而形成三条甚至四条轴线的布局形式。例如杭州的药材会馆，总体上按横向的平面形成四条轴线。主轴线只有两进，大门戏台和主殿，中间有一广宽的庭院。右边的一条轴线有三进，两座厅堂和一座倒堂，中间以两个小天井隔开。

图3-4 河南周口关帝庙前庭

位于河南省周口市内。由山西、陕西商人所建，因祭关帝而得名。其建筑布局与一般会馆有所不同。戏台不在大门后，而在前殿之后，前殿之前的庭院中建一露台，上置一座牌楼，两旁对称各置一座小亭子和铁旗杆，气魄宏伟而华丽。

再往右边又是一条轴线，表面上是三进，实际上是四进。两座厅堂，一座倒堂，后堂的后面又增加一进后厢房。与后堂相隔形成两个较大的空间，做会客室、商谈场所。左边一条轴线，前部为住宿客房（现已毁坏）。中间部分朝向主轴方向，有一个天井和一座厅堂，正对主殿前廊的通道，形成一小段横向的轴线。后部是几间较大的房间，作办事、会客、商谈等用。整个会馆中共有六座殿堂供祭祀聚会所用，住宿部分单独朝外，而会客、商谈、办公用房等则布置在较隐蔽的角落，具有私密性特点。整体布局既满足了各种使用需要又方便合理，可谓设计巧妙。

会馆作为一种特殊的公共建筑，由于其使用功能上的综合性，在长期的实践经验中形成了它独特的布局形式。在中国古代的各类建筑中，它是一种最具特色的建筑类型。

# 四、财富和势力的炫耀

会馆都是由同行业的商人、手工业者或者旅居一地的同乡集资兴建的。为表现其财富和雄厚的经济势力，提高自己的社会地位，以此和其他行会、帮会及地方势力相抗衡，总是不惜耗费巨资，务求其建筑的宏伟华丽：崇垣高阁，亭廊相连，飞檐翘角，金碧辉煌，雕梁画栋，装饰繁缛,无以复加。会馆与会馆之间也互相竞争，互相攀比，推波助澜，更促使其势头迅速发展，以至于出现这样的情况：在任何一个地方城镇中，除了享受皇家礼仪等级的文庙建筑以外，最宏伟、最华丽的建筑就是会馆。

宏伟华丽，这是会馆建筑最主要的特点之一，而这一特点又往往集中体现在会馆的大门建筑上。因为会馆一般都建在城市街道旁，临街的大门就是这一会馆形象的代表，因而务求其突出醒目的标志性。同时，也正是因为它不属于官式建筑，不受官方法式法规的约束，因而其建筑式样特别活泼，往往别出心裁，造型独特。四川自贡的西秦会馆就是典型的例子。

**图4-1 四川自贡西秦会馆大门**/对面页

会馆的大门是对外的标志。为炫耀本行帮的财富和势力，尽可能将其建得宏伟华丽。四川省自贡市的西秦会馆大门造型独特，结构复杂，装饰华美，为国内古建筑中少见。

自贡市盐业历史博物馆
西秦会馆
最新贡献
珠宝

西秦会馆是由旅居四川自贡的陕西盐商集资兴建的，始建于清乾隆元年，至今保存完好。它是四川全省现存的会馆建筑中规模最大、最精美的一座，也是国内现存会馆中最大、最精美的之一。其大门的造型极为独特，正面为四重檐歇山顶，下面三层从中间断开，往下逐层加宽向两旁伸出，层层翼角高高翘起，像一只展翅欲飞的大鹏。三层屋檐的断开处分别露出立柱，向上逐层收进，本来横向发展的檐口被竖向发展的立柱打断，构图发生变化。最上一层屋顶下悬挑出两根垂花柱，中间嵌入一个圆形花窗，形成一个小亭阁架于屋顶之上。大门后面是戏台，和大门连为一体。这本是会馆建筑中常用的做法。但西秦会馆却把这座本来就是一进的建筑做成三个相互连接的屋顶。前面是一个四重檐歇山，中间是一个更大的三重檐歇山，后面戏台上又是一个三重檐盝顶，使这座建筑从大门外正面看一个样，侧面看又一个样，从庭院里面看又是另一个样。

图4-2　河南洛阳潞泽会馆大门

该会馆由潞安（今山西长治）、泽州（今晋城）商人集资兴建。现为河南省洛阳市内最大、最完整的古建筑群。大门造型宏伟，两层楼高的宫殿式建筑，两旁高墙上各耸立一座钟鼓楼。

图4-3 安徽亳州关帝庙大门

位于安徽省亳州市内。由山陕药商集资兴建。石构牌楼式大门，上面满布雕饰。两旁对称树起两根高大的铁旗杆，气势宏伟而又华丽。

**图4-4 河南社旗山陕会馆大门**/上图

河南省社旗县的山陕会馆前有高大的琉璃照壁、照壁后面是高耸的重檐歇山式门楼，两边对称在高高的台座上各建一座亭阁，整个大门入口处形成一组宏伟的建筑群。

**图4-5 河南开封山陕甘会馆照壁雕饰**/下图

河南省开封市山陕甘会馆大门前有高大的砖石照壁。下置须弥座，上有庑殿顶。屋檐下的梁枋构件等均为砖石做成，布满雕刻、极其精美，突出了会馆的形象。

整座建筑的造型和屋顶的复杂程度均是国内古建筑中极为罕见的。

西秦会馆的建成，在当地产生了很大的影响。聚居自贡的各地商人以及自贡当地各行各业的行会纷纷效尤。广东人建起南华宫，福建人建天后宫，贵州人建齐云宫，四川人建惠民宫。当地其他行业帮会也纷纷建起自己的会馆。船业帮会建王爷庙，冶铁行建老君庙，屠宰行建桓侯宫，等等。致使这里一时间会馆林立，争奇斗胜，蔚为壮观。

河南洛阳的潞泽会馆（山西商人所建）的大门也很具有代表性。一座宫殿式的重檐歇山顶高高耸起，檐下立柱高达7米，粗壮宏伟。向旁延伸的围墙也高似城墙，并在左右两端各升起一座亭阁，类似于城墙的角楼，显然有仿皇家宫禁制度之意，但碍于礼制不得不有所变通。然而其建筑也因此而显出其威武雄壮的气派。

河南社旗的山陕会馆、周口关帝庙（山陕人建的会馆）均在大门前竖一对铁旗杆，高达20多米，整根铸成。上有方斗和高浮雕蟠龙装饰，均为整体浇铸而成，工艺精湛。矗立在大门前，增强了会馆的宏伟气势。尤其当会馆中举行活动时，铁旗杆上红灯高挂彩旗飘扬，更是光彩照人。

特别应提到的是山西、陕西两省商人在外地建会馆尤为突出。从现在国内保存下来的会馆来看，数量最多、规模最大的都是山陕人建的。目前国内三座国宝级的会馆建筑（分别在四川自贡、山东聊城、河南社旗）也都是山陕人建的。其他一些地方也大多如此，只要有山陕会馆，往往就是当地会馆中规模最大的。与此相反，山西、陕西本省内会馆却极少。这种现象是由于地理环境和社会历史原因造成的。山陕两省地处黄土高原，生产不发达，加之历史上战乱频繁，唐代以后这里就变成了穷困落后地区，大量人口外出经商谋生，而外地的商人又较少去山陕。于是便形成了山陕人在外地的会馆多，外地人在山陕的会馆少这种情况。山陕人似乎又很善于经商，如清代时，陕西人经营的盐业，山西人经营的钱庄、票号都是全国有名的。而那些炫耀一时的会馆建筑就是他们的财富和势力的象征。

**图4-6 四川自贡西秦会馆大门石雕**

四川省自贡市西秦会馆大门口立着一对高大的石狮，造型雄壮粗犷，雕工炉火纯青。此外，大门檐下八根红漆木柱分别被八座石兽雕塑所承托，衬托出大门的辉煌气派。

# 五、多神祭祀

祭祀神灵是会馆中最重要的活动之一。行业会馆祭祀本行业的祖师；同乡会馆祭祀本乡本土所信奉的神灵。这种祭祀不仅仅是表达一种信仰，更重要的是借此达到团结众人的目的。共同的信仰维持着一种心理上的内向凝聚力。而且，早期的会馆有些就是由祭祀某位神灵的祠庙或寺庙发展演变而来的。例如北京的文丞相祠，明代初年在文天祥就义的柴市建祠以为纪念，后成为顺天府学，庐陵人便在学宫外又建专祠（因文天祥是庐陵人），改名叫“怀忠会馆”，由祭礼文天祥的专祠演变成庐陵人的同乡会馆。台湾地区明清之际有许多寺庙也起着会馆的作用。“杂姓移民聚居拓垦，因彼此大多为同乡关系，原乡奉祀的神明众望所归，所以多奉祖籍地的乡土神明。一般来说漳州府移民多供奉‘开漳圣王’，泉州移民多供奉‘广泽尊王’，客籍移民供奉‘三山国王’等。……聚落发展成市街后，由贸易商组成的公会组织——行郊成为都市的一大主宰

图5-1　河南洛阳潞泽会馆大殿

五开间重檐歇山，类似宫殿，宏大壮丽，只因受礼制约束，开间数不敢过多。殿前有宽阔的露台，是举行祭祀活动的场所。

图5-2 四川自贡西秦会馆前殿

五开间卷棚式，矗立在高台基之上，台基中部凸出，雕刻精美花纹。殿有过厅与后殿相连，形成“工”字形平面。过厅上“六角形重檐盔顶耸出前殿之上，造型独特。殿内举行祭祀，殿前凸出的高台正对前面戏台，作观戏的看台。

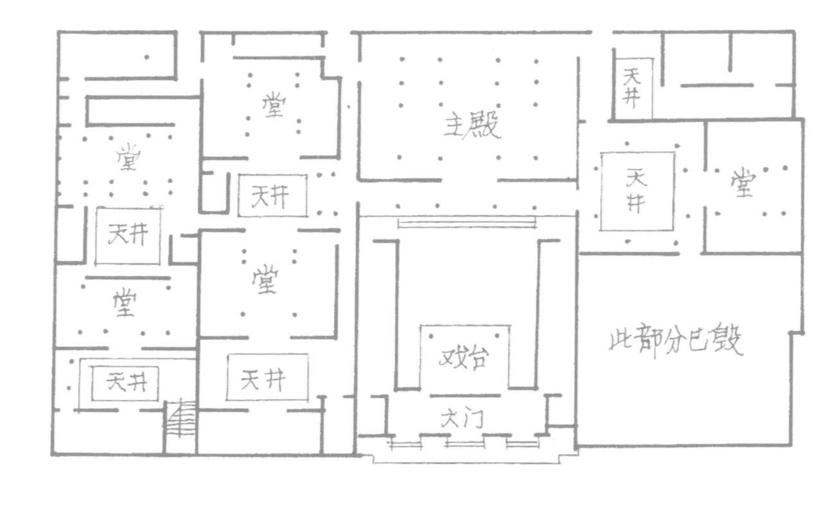


**图5-3 杭州药材会馆平面图**
浙江省杭州市的药材会馆中除祭祀一个本乡本土或本行业所信奉的主神之外，往往还同时供奉着一些其他的神灵。此平面图可看出，该会馆四条轴线上分别设有六座殿堂，它们分别供奉着不同的神灵，同时又是聚会活动的场所。

力量，他们拥有雄厚的财力，大力支持寺庙运作，维系寺庙香火，也借寺庙的神权，统御团结同业会员，维护行郊的商业利益，例如台湾各地的龙山寺都由最善于经商的泉州三邑人所建，也是当地郊商的团结自治和仲裁机关”（引自《台湾三百年——香火的传承》，台湾《思源》杂志第31期）。像这类祠庙或寺庙或许就是会馆建筑的雏形，后来有些就直接演变成会馆。实际上，当会馆大量兴起以后，许多会馆仍然沿用寺庙建筑的形式，名称上也仍用“××庙”、“××宫”。如山陕人的会馆大多叫“关帝庙”，福建人的会馆都叫“天后宫”，等等。有的会馆中还因这种共同的祭祀信仰而结成带有宗教色彩的社团。如洛阳山陕会馆的碑记中就明确记载：“山陕众商居寄于斯，旧在会馆中结关帝社，每届四月初旬间隆肸蚃之仪……”

既然祭祀如此重要，因而祭祀所用的殿堂就是会馆中最重要的建筑，它总是处在会馆建筑的中心位置，其建筑规模和形式也是整个会馆中最宏大最隆重的。那么采用宫殿式建筑形制，要么以其他手段来突出其显赫的形象。例如洛阳潞泽会馆主殿，采用重檐歇山顶宫殿造型，殿前做一宽阔的月台，围以白石栏杆。月台前矗立一对石狮，高达3米，威武雄壮，增添了大殿的气势。前面是一片开阔的庭院，更加强了大殿的礼仪形象。又如自贡西秦会馆，

图5-4 湖南芷江天后宫（福建会馆）平面图
湖南省芷江天后宫的福建商人所建。主轴线上祭祀福建人信奉的天后——妈祖，又另外开辟次轴线供奉着保佑商人们的财神。

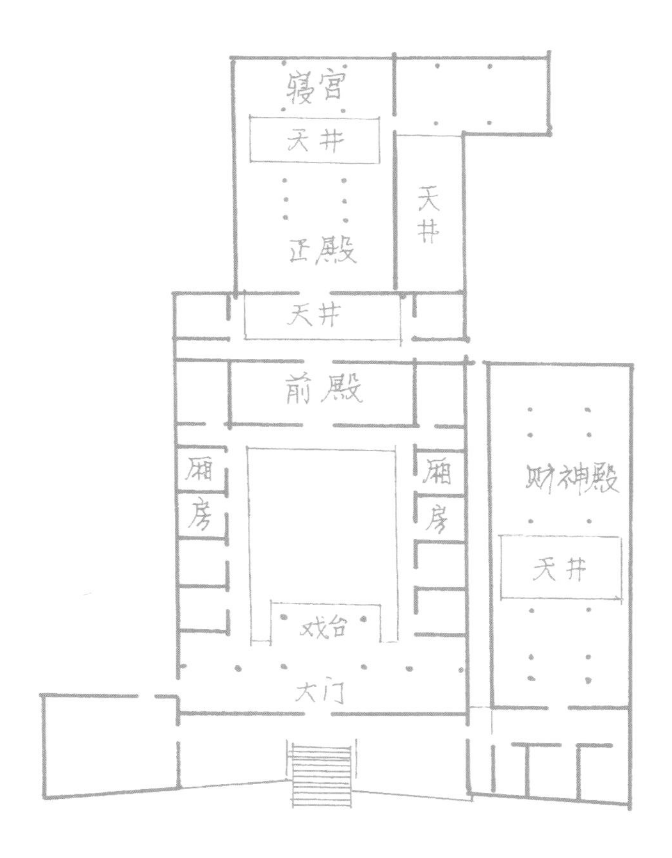

图5–5 上海三山会馆（天后宫）/上图

福州商人开在上海的会馆虽然以福州的代称“三山”作会馆名称，但实际上也是天后宫，因为它祭祀的仍然是天后妈祖。所以在大门上的“三山会馆”横匾上方还刊有一块“天后宫”的竖匾。全国各地福建人开的会馆都是天后宫。

图5–6 贵州镇远天后宫正殿内景/下图

福建人在贵州省镇远这个西南腹地的山区里建的会馆也是天后宫，里面祭祀的也是保佑海上平安的妈祖。

图5-7 四川自贡王爷庙（船帮会馆）
位于四川省自贡市内，是自贡船运业的行业会馆。船运业祭水神“明王”，因而其会馆叫王爷庙。祭祀水神的需要决定了其会馆的选址——临水而建。举行祭祀时，商船成队排列于台下。

前殿虽是一座五开间硬山卷棚式，虽是民间建筑造型，但因建在一个很高的台基之上，其开间和建筑高度尺寸均很大，气势恢宏。同时又在前殿和后殿之间做一过厅，形成“工”字形平面，在过厅之上做一个三重檐六角形盔顶，高高地耸出于前殿屋顶之上，其整个前殿的造型显得奇特而又壮丽。殿前伸出一个高大的石砌看台，置一石雕方鼎于其上，使人想见当年祭祀场面之隆盛。

会馆中的祭祀除了一个主要的神灵以外，往往还有许多杂祀。从严格意义上来说，中国民族是一个宗教观念模糊的民族，没有其他民族那种严格统一的宗教意识，民间信仰往往是

**图5-8 河南周口关帝庙殿前月台**
河南省周口市关帝庙殿前月台上建有一座石牌楼，两座六角攒尖亭子和两根铁旗杆，形成一个华丽、气派而又特殊的祭祀空间。

图5-9 河南周口关帝庙过殿和后殿

周口关帝庙过殿和后殿的关系特别，两殿紧靠，过殿无门窗，全开敞，成为祭祀朝拜的专用空间，相当于一个有屋盖的月台。朝前正对戏台，又是一个观戏的看台。

非常杂乱的。这一点在会馆的祭祀中表现得非常突出。例如长沙过去有苏州会馆，“前进门楼戏台，方坪正栋，关圣殿左，文昌宫右，财神殿中，翠波阁后进中，大雄殿左，雷祖殿右，杜康祠内有长生局”；粤东会馆“前门内建戏台，神坛各殿神位正栋，关圣殿左，灵宫殿右，财神殿倒堂，韦驮佛后栋，六祖殿后门内，观音殿右侧”（以上引自《善化县志》）。这样，整个会馆有如一座杂神庙，建筑布局也因而显得有些杂乱无章，难分主次。另外，有些会馆中除纯粹的祭祀神灵以外，还供奉一些名宦乡贤或历史上有功的人物，具有纪念意义。例如台湾台南市的潮汕会馆，主殿祭祀粤东人信奉的保护神三山国王，左殿祭妈祖并同时供奉着历任两广总督和历任广东巡抚的牌位，右殿则供奉着教化潮汕有功的唐代文学家韩愈。既祭祀神灵又纪念名人，建筑上的排列倒也主次有序。然而无论怎样，多神祭祀一般就需要多座殿堂，这就使得本来就是多功能综合的会馆建筑更趋复杂。

祭祀作为会馆建筑的主要功能之一，不仅决定了其主要建筑——殿堂的形式，决定了会馆中各栋建筑的主次排列和布局，而且有时还由于特殊祭祀对象的需要而决定了会馆建筑的位置选择。例如四川自贡的王爷庙是当地船运行业的会馆，祭祀水神明王，因而临河筑高台而建。前殿建在一个伸入河中的高高的石台基之上，每当举行盛大的祭祀活动时，会馆内张灯结彩，鼓乐喧天；会馆外商船列队整整齐齐排列于台前水面上，樯桅林立，彩旗高悬，鞭炮齐鸣，好不威风。会馆也是借这些形式来炫耀自己的势力的。

# 六、娱神娱人的建筑

既然祭祀是会馆中的重要活动，那么与此紧密相关的活动就是演戏和娱乐活动。在中国古代民间传统中，祭祀神灵不仅要有牛羊牺牲，酒米果品等好生供奉，而且往往还要有一些带娱乐性的艺术表演，这种以娱乐来祭神的形式古代叫“淫祀”，而在民间祭祀活动中，“淫祀”是最常用的形式之一。古代娱乐性的艺术活动，不外乎就是演戏和歌舞表演。实际上，中国古代的歌舞和戏曲表演最初就是起源于祭神的淫祀和巫术活动之中。在长期的历史发展中，这种取悦于神的艺术活动逐渐演变成人们自己的娱乐活动，由娱神发展为娱人。会馆中的戏曲歌舞表演就是这种娱神和娱人兼而有之的活动。

会馆中举行重大的祭祀活动时总要请戏班来唱戏。发展到后来，唱戏变成了会馆中经常性的娱乐活动，凡遇各种庆典、节日，甚至于富豪商家请客，也都请戏班唱戏。有时甚至连台演出，延续数日，这也变成了炫

图6-1 河南洛阳潞泽会馆戏台

该戏台与大门共为一栋，朝外是大门，朝内是戏台。其建筑高大宏伟，宫殿式造型。它是河南全省现存古代戏台中最大的一座。

图6-2 河南社旗山陕会馆戏台/上图

在大门后面朝庭院凸出做成戏台，进大门便从台下穿过。大门上高大的重檐歇山顶和戏台上较小的歇山顶形成对比，与两旁的钟楼、鼓楼一起，组成一个富有变化的群体。

图6-3 河南周口关帝庙戏台/下图

周口关帝庙戏台与大多数会馆不同，不做在大门后，而做在前殿之后。大歇山上耸出一个小歇山，造型别致优美，红柱绿瓦色彩艳丽，木雕装饰华美，是河南省现存古代戏台中最漂亮的一座。

耀财富和势力的一种手段。既然如此，因而戏台也就变成了会馆中必不可少的重要建筑。当然也有个别例外的会馆中没有戏台，但这种会馆为数极少。

会馆中的戏台虽然在建筑式样上各不相同，但在整体布局中的位置，以及和其他建筑的组合关系却基本上是统一的，即戏台和会馆大门连为一体，背靠大门，下部架空，进入大门便从戏台下穿过。前面正对殿堂，两旁是厢楼和走廊，目前所能看到的会馆戏台大多如此。这种组合方式是在长期的经验中形成，而且实践也证明这是一种最佳的组合方式。进入大门，穿过戏台下面，便进入殿前的庭院。此庭院是会馆中最宽阔的空地，是看戏的主要场所。戏台正对前殿，其本来的意义是：戏是演给神看的，许多地方的一些庙宇中的戏台也都是这样布局的。然而会馆这种组合又恰好满足了观众看戏的需要。因为前殿一般都建在一个较高的台基上，逐级而上的台阶便正好成为看



图6-4 四川自贡西秦会馆戏台屋顶

会馆戏台建筑的制作技巧超乎一般，任何一个部位都精工细作。西秦会馆戏台屋顶的做法，可看出古代匠师们高超的工艺水平。

图6-5 上海三山会馆戏台及两旁厢楼看廊

戏台背靠大门，虽然规模不大，但建筑精致细腻，具有南方建筑的典型特征。屋顶造型是福建的燕尾脊式。因庭院较小，两旁厢楼上下两层外廊组成观戏的看廊。

**图6-6 浙江宁波庆安会馆前后两座戏台**

会馆中演戏也多有互相炫耀财富、显示实力的成分，看谁的排场大。浙江省宁波市的庆安会馆中竟在前院和后院中各做一座戏台，可以同时请几个戏班唱戏。

戏的看台。例如自贡西秦会馆的前殿，不仅有高高的台阶，而且还在殿前正中部位向前突出一个高台基，成为看戏的最佳位置。显然，此处一般是最显赫的人物就座的地方。

戏台两侧向前伸出的厢房走廊也是观戏的场所。但这里有所区别，一般北方的会馆前院很开阔，形成一个小广场，两侧厢房离戏台较远，一般就不作为观戏场所，而作其他用途。如河南洛阳的潞泽会馆，山陕会馆即是如此。南方的会馆前院不很开阔，两侧厢房离戏台很近，可作为观戏场所。因而把厢房外做成走廊，也是两层，看戏时可形成上下两层观众

图6-7 北京湖广会馆戏台/上图

不同于多数会馆中神庙戏台的形式，北京湖广会馆的戏台采用的是茶馆戏楼的形式。在一个大厅内三面楼座围绕，大厅中摆着桌子，观众可以一边喝茶一边看戏。

图6-8 天津广东会馆戏台/下图

与北京湖广会馆戏台属于同一种类型，即茶馆戏楼的形式。目前被辟为天津戏曲艺术博物馆。

席。有的会馆还别出心裁，在走廊中一定部位向外凸出一个小小的看台，类似于西方剧院中的包厢。例如福州的古田会馆、自贡西秦会馆中就是这样做的。

会馆中的戏台建筑由于处在公共娱乐活动的中心点，又由于观戏本身就是一种艺术活动，因而其建筑本身也成了一种艺术欣赏的对象。其建筑式样之特别，装饰之华丽往往成为整个会馆建筑群中最突出最漂亮的一座。首先因为戏台建筑的平面一般都是一个“凸”字形，前面凸出部分为舞台，后面是化装、准备、乐器、服务等用房。这种非单纯矩形的平面为屋顶式样的变化提供了方便。其次，由于它和大门背靠背紧紧相连，在结构上往往形成了两个甚至多个屋顶的组合。屋顶形式的变化和复杂的组合，使戏台建筑的式样呈现出千变万化、丰富多彩的面貌，致使它们往往成为各地民间建筑艺术的精华。如洛阳山陕会馆的戏台，在庑殿式四坡顶上再做一个歇山高出其上

图6-9 周口关帝庙戏台木雕

装饰之华丽是会馆戏台建筑最突出的特征之一。周口关帝庙戏台装饰用整块木头高浮雕、透雕做成，精美绝伦。

**图6-10 河南社旗山陕会馆戏台内木装修**
会馆戏台内外都讲究装饰。社旗山陕会馆戏台内装修用精雕细刻的小斗栱做成屋檐形式，并无结构和功能意义，纯粹为了装饰。

并向前突出，形式特殊；洛阳潞泽会馆的戏台，在两旁较矮的厢楼上凸起一个高大的重檐歇山，面阔七间，宏伟近似于宫殿，它是河南全省现存最大的一座古戏台；陕西丹凤县船帮会馆的戏台，在两边封火墙夹着的一个硬山屋顶前凸出一个单檐歇山，再在这单檐歇山前又凸出一个重檐歇山，平面上双重凸出，立面上层层递进；自贡西秦会馆戏台和大门合在一起做出三个屋顶，而戏台上的屋顶做成3层，上层是一个六角形盝顶，下面两层为四坡顶，最下一层檐口从中间断开，嵌入一块巨大的匾额，屋檐从两旁伸出，翼角高高翘起，形似一对张开的翅膀。

戏台内部一般都在顶上做一个很大的藻井，多为圆形或八角形，这种做法能使声音产生共鸣，利于演戏的音响效果。福州古田会馆的戏台尤为特殊，顶部藻井做成一个半球形穹隆，共鸣现象更加明显，这种做法在国内是比较少见的。

戏台的装饰是非常讲究的，它往往是整个会馆内部的重点装饰部位。木雕、彩画、垂花柱、雕花栏杆等应有尽有，华彩夺目，力求体现出一派热闹欢乐的气氛。同时在装饰的题材内容上，也力求体现一定的文化内涵和象征意义。一般戏台的木雕彩画装饰中，以戏剧故事场景的内容为最多，就连匾额对联也多是“观古鉴今”之类。表达了即使在欢快的气氛之中，也不忘寓教于乐的民间文化传统意识。

# 七、公务、商务和联谊

会馆本是由古代的行会发展而来的一种常设机构。早期的行会是一种松散的组织，是没有常设机构的，也没有固定的办公场所，一般都是临时性的召集聚会。发展成会馆便形成一种固定的常设机关，专门办理行业内部的公共事务。因此，会馆中必须有办公所用的房间。此外，商人们之间经常性的商务活动，同乡同行之间的联谊活动等也都是在会馆中进行的。所以会馆中还要有专供会谈、会客等这些商务、联谊活动的场所，这些是会馆中日常活动的主要部分。

一般来说，会馆中的这种日常活动用房分为两大部分：常设机构的办公用房和商务联谊

**图7-1 河南洛阳潞泽会馆后厢楼**

会馆中的常设机构办公及商务活动用房一般安排在前院或后院的厢楼之中。潞泽会馆将后殿做成楼阁式，下层供神，上层为办公等活动用房。

图7-2 河南潞泽会馆角楼
潞泽会馆在大门戏台两旁建两层高的耳房，又在耳房端头各升起一座类似于城墙角楼的小楼阁，作为会客等小型活动所用的房间。

等活动用房。按其使用功能的要求，在总体布局上有所区别。

办公一般是行业帮会内部事务的处理，与外界联系较少，而且很多情况下甚至是秘密的。因此这种办公用房一般也就安排在比较隐蔽的地方，大多设在会馆的后部，即后院两侧的厢房、厢楼或后殿的楼阁之上。会馆中建楼阁的多，大型会馆一般都把后殿建成楼阁，而且规模都很大。例如洛阳的潞泽会馆后殿，上下两层面阔七间，两旁还有耳楼，主楼和耳楼全为常设机构的办事用房。成都的陕西会馆，仅存后殿楼阁，目前仍为一家宾馆的客房，可见其房间数量之多。成都洛带镇的广东会馆，后殿楼阁做到三层，上面也都是办公所用房间。自贡西秦会馆的办事用房分别设置在后殿

图7-3 上海三山会馆厢楼
三山会馆将戏台两侧厢楼作办公、商务、会客等活动用房。在厢楼端头建一三层的小楼阁，用作具有私密性的小型活动室。

两侧的两个小庭院中的楼阁内，与外界隔开，环境幽静而舒适。湖南湘潭的关圣庙（北五省会馆），前殿和主殿都做成楼阁式，上面都是日常办事所用房间。

商务会谈和联谊活动是会馆中对外的，公开性的活动。因此这类用房一般设在会馆的前部，大多在前院两侧的厢房、厢楼或大门两旁的耳房之内。这种活动用房一般将一长条厢房内部划分成大小不同的单独房间，以适应于各种不同活动的需要。小的像一般的会客室，大一点的供小型聚会或商谈，如同小会议室。也有的会馆在两侧厢楼内根本就不作房间分隔，整个就是一个通长的走廊式的房间，各种小型

图7-4 河南周口关帝庙两侧厢房

周口关帝庙两侧厢房对称布局，前后两段前院东西厢房分别为药王殿、灶君殿、财神殿、酒仙殿以及部分店铺。后院厢房主要是活动用房，后段做成两层，外走廊用作观戏的看廊。

活动都可以在里面进行。例如上海的三山会馆、四川自贡的船帮会馆就是这样做的。这种做法有其特殊的方便之处，一是聚会活动的规模大小和人数多少可以不受房间大小的限制，灵活自由；二是因为前院一般都是戏台所在的大型活动区，凡遇公共娱乐活动时，坐在厢楼之内打开窗户便可朝着戏台看戏，既方便又舒适。因此这一类厢楼朝院内一侧的门窗都做得很宽阔通透，全部打开时基本上就是一个全开敞式的房间。而像自贡西秦会馆则更是将前院两侧厢楼的上层根本不做墙壁门窗，形成一个完全开敞的很宽的大走廊，既可作活动场所又可作看戏的观众席。

图7-5 河南开封山陕甘会馆两侧厢房

开封山陕甘会馆两侧厢房分为前后两段，东西对称，前段五开间，后段三开间。前段主要是活动用房及祭祀的配殿，走廊下做座式木栏杆，可作观戏、休息用。

当然，会馆中的商务和联谊等活动也不一定全都是公开性的，因此有的会馆中有那种公开的活动用房的同时又还设置有一些比较隐蔽的活动场所。例如上海三山会馆，在前院两侧厢楼的端头各升起一个三层的小亭阁，上面是一个封闭式的小房间，就是专供这种具有私密性的活动场所用的。大门和戏台两旁的耳房，也是比较封闭的房间，也可提供这种活动场所。洛阳潞泽会馆大门戏台两旁青砖砌筑的耳房，封闭性很好，还在两个端头各升起一个小楼阁，外看类似城墙的角楼，实际上也是这种小型活动用房。而且据记载，这里还经常被用作为那些客死他乡的商人举行丧祭冥事活动的地方。

# 八、宾至如归

会馆的另一重要功能是招待旅居外地的同乡、同行的食宿，为其提供生活方便，这是一般会馆中都必有的。从某种意义上说，它也是会馆这种机构的一项职能。明代刘侗在《帝京景物略》中记述：“……用建会馆，士绅是主，凡入出都门者，籍有稽，游有业，困有归也。”可见会馆从它开始出现的时候起，就具有这种为旅居者们谋福利，解决生活困难的职能。因此以前有些会馆的名称干脆就叫“××乡馆”、“××宾馆”，其意也在于此。其实在中国古代的语言中“馆”字的本来含义就是“客舍”，《说文解字》中解释：“馆，客舍也。”只不过会馆中的客舍是只为特定的对象服务的。住在会馆中的人不是同乡就是同行，大家互相友好亲密无间，加之会馆本身又是一个自我保护性的组织，抗衡着其他社会势力的威胁。因此，住在会馆中人们有一种强烈的安全感。

会馆的客舍一般都安排在会馆主体建筑群的一侧，另外构成一组院落，并有门直接对外。平时一般情况下出入都不经过会馆大门，但有旁门与会馆主体院落相通。这样，住宿和会馆内的活动互不干扰，具有相对的独立性，既方便又适用。当然也有些会馆受到条件限制而不能在旁边另辟院落，因而把客舍安排在会馆内的后院之中。这类会馆客舍的出入就必须经过会馆大门，功能有些混乱，使用不太方便。

图8-1 湖南黔阳江西会馆平面图

客房部分在会馆主体建筑的一侧，有单独朝外的大门。住客出入可不经过会馆。又有旁门与会馆庭院相通，是一般会馆客舍最常见的布局形式。

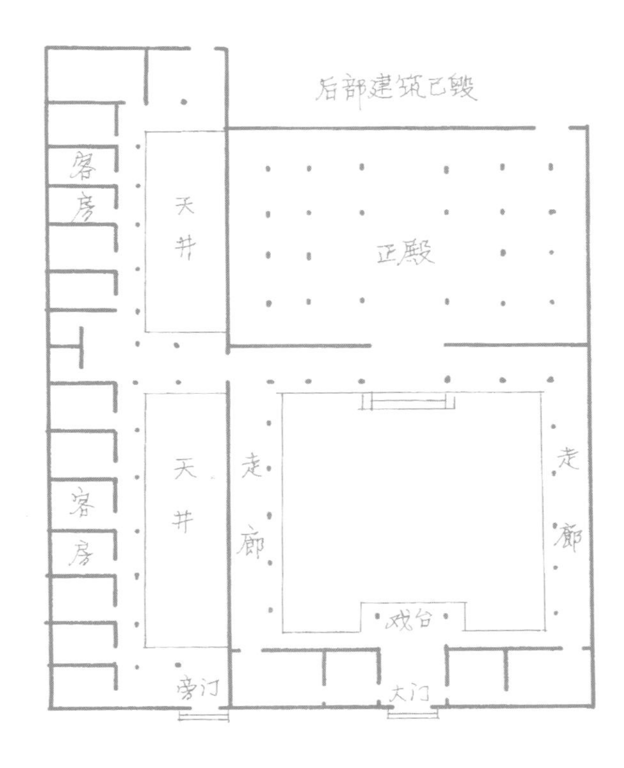


图8-2 四川隆昌湖广会馆平面图

客房在会馆主体东侧，共四进，形成三个天井院落。内有客房、厨房、饭厅等，类似于民居，适宜于住家。

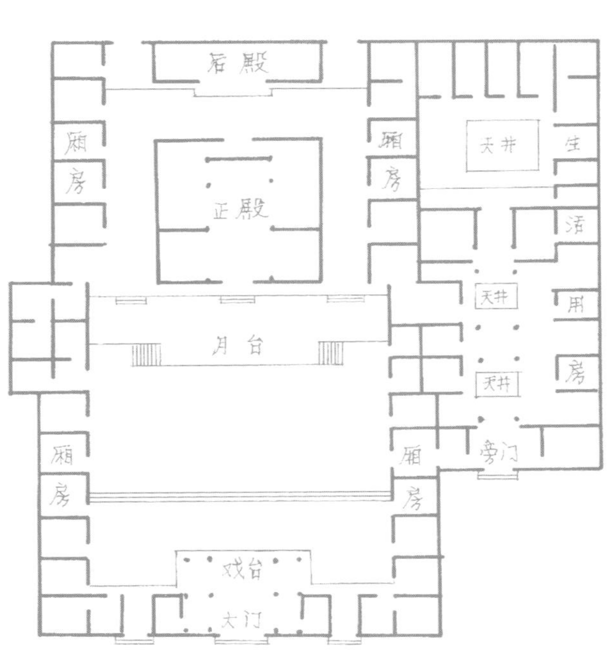

会馆的客舍一般都是以小型院落的形式布局，房间不大，排列于四周，廊庑相连，天井分隔。一般由两到三进院落组成，布局比较自由。客房数量由十几间到几十间不等，视会馆规模大小而定。然而会馆客舍和一般旅馆客舍相比有一个很不同的特点，即适合于住家的形式。因为在会馆中住宿的客人除一部分是短期住宿的过客以外，很大一部分是长期住宿的客人。例如一些长驻一地做生意的客商，赴京赶考的学子等，常常一住就是几个月，有的甚至还带着家眷，自己生火做饭。因此会馆客舍中除供应公共膳食的伙房以外，还备有小间的厨房饭厅等供长住的客人使用，因而其建筑的布局形式也就很有些类似于民居住宅。例如湖南黔阳的万寿宫（江西会馆），客舍靠在会馆主体的右侧，由两进天井组成。进门便是门房，前后两进天井由中间一道横向的廊房隔开，廊房左端与会馆主体相通，右端是一过堂，两边分别有客房和伙房，过堂也就兼作饭厅。后进两侧为客房，端头又有厨房和过厅。这样分布显然是一般公共膳食的短期过客住在前进庭院两边，而长期住客，可自己做饭的则住在后进

**图8-3 河南社旗山陕会馆道房院**

社旗山陕会馆西侧尚保存有一座小小的院落——道房院，是过去会馆内住持人员住宿的地方，也作客舍用。住宅式的小院，使行旅在外的人有一种归家的感觉。目前国内会馆中还保存有这种住宿用房的已不多见了。

庭院中，井然有序，不致混乱。又如四川隆昌的湖广会馆，客房靠在会馆左侧，三进庭院。一二进之间仅以过廊相隔，互相通透，伙房饭厅安排在中堂的位置，供应短期住客膳食。第三进成一独立的封闭院落，另有厨房饭厅等，并有前后两室的套房，显然是专供住家式的长期住客使用的。在这里，融洽的乡亲关系和方便的生活设施确实使人感到一种宾至如归的亲切气氛。

# 九、灵活多变的空间艺术

图9-1 河南周口关帝庙大门与前庭空间
周口关帝庙布局方式与一般会馆不同，戏台不在大门后。一进大门便透过门厅直接看到前殿露台上的牌楼、碑亭，再透过牌楼看到前殿，不仅视野开阔，而且空间层次分明。

会馆建筑的总体布局虽然在长期的发展过程中形成了一种基本的模式，但在具体的组合方式上却常常是千变万化，灵活处理。我们今天仍能在各个地方，各种不同风格的会馆建筑中看到那些古代匠师们创造的丰富多彩的空间艺术形式。

会馆内的空间处理主要体现在庭院的组合和建筑形式之间的关系上，既要考虑使用功能上的方便，又注意讲究空间尺度上的适宜和舒适感。一般会馆中最大的空间都是在前院，这里是举行大型活动的场所。然而由于功能上的原因，这个空间经常是按不同的方式来使用的。在建筑处理上，戏台和前殿相对而建，使前院的空间关系上形成了两个中心。祭祀时以前殿为中心，娱乐活动时以戏台为中心，而使用的空间却是同一个。在一些大型会馆中，由于前院空间过大而显得空旷，因而采取一些措施来增加空间的变化，使之不至于过于单调。

**图9-2 四川自贡西秦会馆建筑与庭院交错**

会馆建筑因其功能的多样性而使建筑空间变化较多。西秦会馆前殿两侧通过一个过厅转折进入后院，过厅做雕花圆洞门，隐约可见后院庭园，使空间具有引导性和诱惑力。

图9-3 河南开封山陕甘会馆旁院空间

开封山陕甘会馆正殿两旁各有一个小跨院，是小型活动和唱堂戏的地方。庭院空间狭小，并配以树木花草，与中轴线上的大庭院空间形成对比。

例如洛阳潞泽会馆，前院非常开阔空旷，于是在前殿的前面增加一个宽阔的月台，并在月台前面矗立一对高大的石狮。这样实际就把举行祭祀和看戏两种活动本来共用的庭院分成了两个空间。洛阳山陕会馆、隆昌湖广会馆前院也都是这样做的。

建筑形式的变化也是处理空间关系的重要手段。自贡西秦会馆因前庭较大，两旁厢楼过长，因而在厢楼中部对称地各耸起一座亭阁。亭阁下面是向外凸出的看台，作为看戏时的包厢。两条长长的走廊也因中间有所变化而不显得单调，整个建筑群的造型也显得更加丰富。



小空间的处理往往是会馆中的空间艺术最具特色和魅力的地方。例如自贡西秦会馆，前殿和后殿之间有一过厅相连，平面呈“工”字形布局。过厅两边形成两个很小的天井，天井两边又各有一个过厅，以雕花的圆形月门与天井相隔。进入过厅月门折90°便进入后院，后院不大，但却布置着花草植物、水池、小桥，形成一个小型庭园。这样，在前面的天井中，甚至在前殿中就能透过旁边过厅的月门并折90°看到后院庭园，不仅使空间变化富有情趣，而且具有诱导性，促使人们走向别有洞天的后院。

图9-4 河南潞泽会馆后殿厢楼过廊/对面页
潞泽会馆后殿楼阁与两旁的厢楼之间用一上下两层的过廊相连接。过廊用隔扇门窗封闭，形成一个室内的过渡空间，从较高大的室内空间过渡到较矮小的室内空间。

此外，由于建筑布局上的一些变化有时也造成空间上的特殊效果。例如成都洛带镇的江西会馆，其戏台一反常规，不建在前院而建在后院，从中厅后部凸出伸到后院中间，形成半人高的一个台基，戏台就建在台基上。从中厅正门穿过便可走到戏台上，再从两边的台阶下去至后院厢房。这种设计在建筑布局上应该说是不合理的，但却在后院的庭院空间上形成了一种特殊的效果。戏台立在庭院中间，后院厢房三面围绕，距离很近，具有一种亲切感。加之戏台台基本来就不高，且台上周围绕以“美人靠”坐凳栏杆，因而在感觉上使人觉得它不像是个戏台，倒像是个供人休息的亭子。实际上在平时它也就成了人们下棋打牌的休闲场所。因为有了它这后院建筑空间更加丰富，充满了一种生活情趣。

# 十、故乡情怀

图10-1 北京湖南会馆庭院
虽然是湖南人所建，但因在北京，根据北京的气候情况和居住方式也就只能建成北京四合院的形式，而不能建成南方式的天井院落。

在行业性会馆和地域性会馆这两大类中，地域性会馆占的比例要大得多。商业都市或政治文化中心城市中所设的会馆大多是地域性会馆。因为会馆的产生本来就是地区间商业贸易和文化交流发展的结果，而行业性会馆则是在地域性会馆的带动下发展起来的。一地的人在外地建会馆，总希望表达一种对家乡眷恋的感情和乡土文化的自豪感。因此，地方特点往往是会馆建筑艺术中最主要的特点之一。

会馆建筑的地方特点可体现在各个方面：平面布局、建筑造型、装饰装修等。这些地方特点的形成有多种多样的原因，地理气候、生活方式、民俗民风等都是影响地方建筑文化的重要因素。这些都在会馆建筑中有明显的表现。首先在平面布局上，南北方的最大差异就在于庭院空间的形式。南方气候炎热雨量多，为避免日晒雨淋，往往是建筑栋栋相连，围合成小型庭院，即所谓“天井”。与此相反，北

图10-2 四川成都广东会馆后殿

位于四川省成都市的这座广东人建造的会馆，取名“南华宫”。在屋顶造型上采用了具有华南地方特点的宫殿式样，但在宫殿屋顶的两旁却夹着一对四川式的拱形山墙。

方气候凉爽，雨量少，不必考虑日晒雨淋的问题，因此建筑之间多留空地，庭院宽阔，建筑与建筑之间往往不相连接。与南方的天井相对比，北方叫“天街”或“院坝”。

在建筑式样上，北方的会馆大多采用宫殿式造型（一般以歇山式为多）。因为北方民居一般式样比较简朴（多为硬山、卷棚、平顶等），难以形成高大宏伟的气势，也不太好做过多的艺术装饰，只有采用宫殿式才能造出宏伟华丽的大型建筑。因此北方的会馆便多用宫殿式样，特别重视屋顶的造型，而且往往采用重檐、抱厦、交错、穿插等手法造成多种变化形式。屋脊、翘角成为装饰的重点部位。南方的会馆其建筑式样比较接近民居，大多为封火墙硬山式。但比一般民居要高大、华丽。也有一些做宫殿式的，但往往把宫殿式屋顶和封火墙结合在一起。因为封火墙本身高大挺拔，可以造出较大规模的建筑形式，尤其当封火墙成





图10-3 四川成都广东会馆室内

广东人在四川建会馆，虽在造型上带有广东的特点，但在建筑构造上仍因地制宜，采用四川最常见的做法——“木骨泥墙”。

图10-4 河南社旗山陕会馆屋顶做法

山陕人喜欢在屋顶上用不同色彩的琉璃瓦拼成菱形图案，河南省内现存的山陕商人建的会馆几乎都这样做。

**图10–5 河南周口关帝庙铁旗杆**

高20余米，整根浇铸而成，上有蟠龙、云斗。每当举行祭祀或大型活动时，旗杆上悬挂彩旗灯笼，气派威风。这种铁旗杆目前也只见于河南和安徽的部分山陕会馆中，看来也是一种地方性的特殊做法。

图10-6 四川自贡西秦会馆山墙

北方人建在南方的会馆，建筑做法上采用南方建筑的封火山墙式样。然而墙上的装饰又具有典型的北方建筑的风格特征。

群成组的耸立时，外形更为壮观，而且封火墙本身的造型又富于变化，因此南方的会馆建筑往往以封火墙为艺术造型的主要手段，式样丰富，墙头翘角成为装饰的重点。

封火墙是南方建筑艺术造型最突出的特点，相对来说，北方做封火墙的较少，而南方则不仅普及而且式样繁多，各地有各地的做法，形成非常明显的地方风格。例如湖南的封火墙墙头有平的，有山字形的，也有中部圆凸两头起翘的；安徽主要有平的和人字形两种；江苏、浙江常见的有小平头和“观音兜”的形式；四川的封火墙喜欢做成几道连续的圆弧形；福建的做法则是把几个人字形山墙连接成连续向下凹进的波浪形曲线，与福建特有的燕尾式屋脊相呼应；广东一些地方则喜欢用直线，封火墙做成硬邦邦的三角形或倒梯形。如此等等，足以看出民间建筑在造型式样上地方特点的丰富性。

装饰艺术也是体现地方特点最主要的因素之一。不论是装饰的题材内容还是艺术风格都有很明显的地方差别。一般来说，在装饰的题材内容上，北方民间建筑的装饰题材以人物形象为主，如历史故事、戏曲场面、神话传说等。而南方则较多采用花草植物、动物形象、山水风景等。在装饰的艺术风格上，北方的风格古朴厚重粗犷，不论是石雕、砖雕还是木雕，线条豪放有力，体量也很大。南方的风格则是精巧纤细秀丽，体量较小，线条复杂而精致。至于在装饰材料和一些具体做法上各种地方特点更是五花八门不胜枚举。

会馆建筑的地方特点是一种精神需要，流寓外地的商人为表达对故乡的思念，联络漂泊在外的乡亲，同时也为了炫耀作为一种地方集团的财富势力，都尽可能按照自己家乡的建筑式样风格来建造自己的会馆。有的甚至不惜耗费巨资，连建筑材料都从家乡运来。例如山东烟台的福建会馆（又名“天后宫”）就是如此，全部建筑材料都从千里之外的福建运来。据说它是福建人在全国各地所建会馆中最漂亮的一座。不仅建筑风格、式样、装饰、陈设上

**图10-7 上海三山会馆雕饰**/对面页

福建人在上海的会馆，主要建筑均采用福建燕尾脊式的造型。建筑构件上的装饰做法也都是典型的福建式样。

体现地方特色，有的会馆甚至连匾额对联上都尽量体现出思念故乡的情怀。如济南的闽浙会馆对联："同是南人，四座高风倾北海；来游东国，两方旧雨话西湖。"南京的湖南会馆对联："栋梁萃杞梓楩楠，带来衡岳春云，荫留吴地；支派溯沅湘资澧，分得洞庭秋月，照澈秦淮。"坐在家乡风格的建筑中，欣赏着家乡情调的艺术，与乡亲叙谈着家乡的旧事，此情此景有如置身故土，令人感怀。

会馆建筑不仅是一种地方性建筑艺术的体现者，同时又还具有地方之间文化艺术交流融合的特征。一地人在外地建会馆，不仅把家乡的建筑艺术带到了那里，在很多情况下又还注意吸收当地建筑艺术的某些特征。因此建筑风格上的混合性便成了会馆建筑中常见的特征之一。这种建筑风格的混合性特点也表现在许多方面，如平面组合、建筑式样、结构做法、装饰手段等。例如：四川自贡西秦会馆，其建筑结构是北方做法，平面布局则是南方的庭院式；其封火墙是南方做法，而墙上的装饰却是北方风格。成都的广东会馆，屋顶及装饰是广东式的，两边的封火墙却是四川式。重庆的江西会馆，前殿做江西式封火墙，后殿又做四川式封火墙，前后对比较为突出。上海的三山会馆（福州会馆），大门具有上海里弄石库门的特点，里面的建筑又是福建燕尾脊式的屋顶，如此等等。这种地方风格的混合性有时能够取得一种特殊的艺术效果，而有时又造成混乱和矛盾。然而不论怎么说，它也是会馆建筑的一种文化特征。

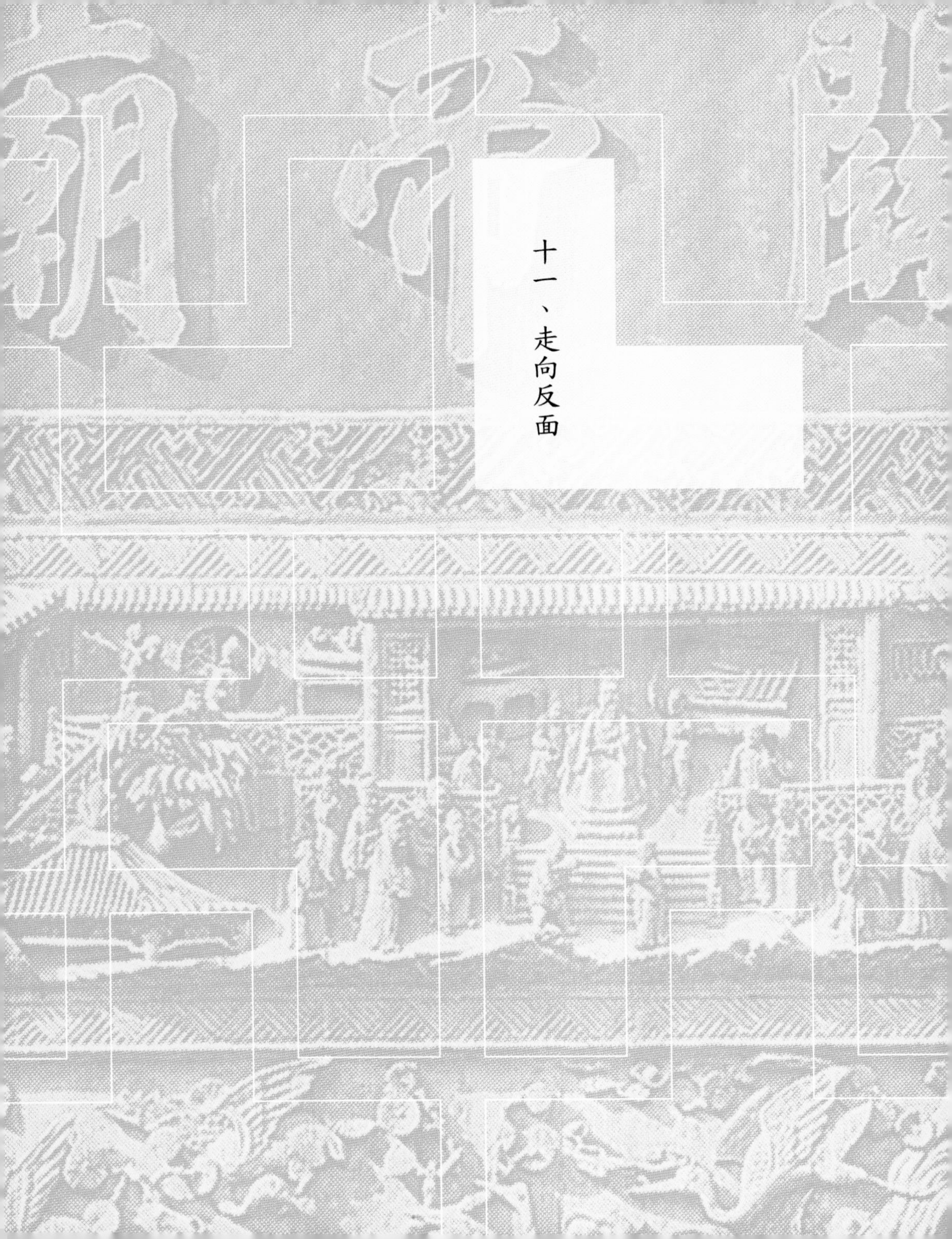

# 十一、走向反面

会馆属于民间建筑，它是在特定的社会历史条件下产生。在它出现之初具有很强的生命力，而且由于它的特殊的使用功能和精神意义，使它在中国传统建筑中独树一帜，成为一种具有创造性的新的建筑类型。但是，由于某些特殊的社会历史原因使这种新的建筑类型在成长过程中某些方面发展到偏执和过分。在这一点最明显地体现在会馆建筑的造型和装饰艺术上。

中国古代建筑受礼仪制度的约束，建筑是按人的社会地位来定等级的。然而商人们建会馆本来就是想要炫耀财富和势力，但这种属于民间性质的建筑不能超越官方规定的礼制等

图11-1 福州古田会馆室内装饰

会馆建筑属于民间建筑，因受礼制约束，等级不能过高，因而在造型和装修方面下功夫，不惜巨资，福建省福州市的古田会馆室内木构架上大量贴金。虽经两百余年未修缮，建筑破败，但贴金装饰仍光亮如新。

图11-2 河南洛阳潞泽会馆柱础
过分的装饰走向了烦琐的堆砌。此柱础虽然雕刻华丽、造型奇特，但在感觉上失去了稳定、坚固的特性。

级。想要建得豪华壮丽，但在建筑的规模尺度上受到了限制，于是便倾尽全力在建筑式样和装饰上做文章。

首先在建筑的造型式样上尽可能地做得奇特而醒目，往往在屋顶造型或者多种式样的组合上绞尽脑汁。像四川自贡的西秦会馆，其大门的造型就是国内古建筑中极罕见的。戏台的屋顶在两层四坡顶上又加一个六角形盔顶，前殿屋顶在一层卷棚顶上升起两层六角形盔顶。这些做法虽具有创造性，匠心可嘉，但毕竟显得有些牵强，故弄玄虚。此外有的会馆在建筑造型上将几种地方特点拼凑到一起，像成都的广东会馆、重庆的江西会馆等，虽然奇特，但显得勉强，并不可取。

装饰可以说是会馆建筑上耗费巨大精力的重头戏。在等级礼制限制了建筑规模的情况下，装饰便是用来体现其华丽的最重要手段之一。在装饰的题材内容上，除了冒犯皇权的龙凤图案不敢使用以外，其他内容如飞禽走兽、花草植物、山水风景、楼阁亭台、神话传说、历史故事、戏曲场景等无所不包，应有尽有。装饰的手法也比皇家建筑更多。皇家建筑的装饰一般主要是彩画、木雕、石雕、琉璃构件，而会馆建筑上使用的装饰手法除上述以外，还有砖雕、泥塑等。这种装饰题材和手法上的多样化本来是民间建筑比皇家建筑更加自由活泼的优越性的体现。但在会馆建筑上，由于过于追求其商业性的豪华排场，以至于发展得过分。梁枋构架、藻井天花等处雕刻彩画的覆盖率往往达到百分之八九十。真可谓错彩镂金，雕绘满眼，烦琐堆砌达到了无以复加的地步。有的甚至为了装饰而违反了建筑本身的规律。例如四川自贡王爷庙（船帮会馆）的戏台屋顶，为了装饰而把脊部升得很高，竟达整个屋面高度的三分之一多，失去了建筑应有的比例。整个屋脊全是镂空花格和浮雕装饰，脊顶正中的葫芦宝瓶也夹在一个很大的三角形镂雕装饰之中，就像是在屋面上升起了一堵墙壁。除此之外，还在屋脊正中前部站立一座很大的福禄寿三星雕塑，垂脊端头是麒麟怪兽，戗脊上有仙人骑龙，甚至连屋面中间的瓦面上也站着两个武士，整个屋顶如同一件雕塑作品。这种过分的装饰堆砌给人以故弄玄虚、哗众取宠之感。

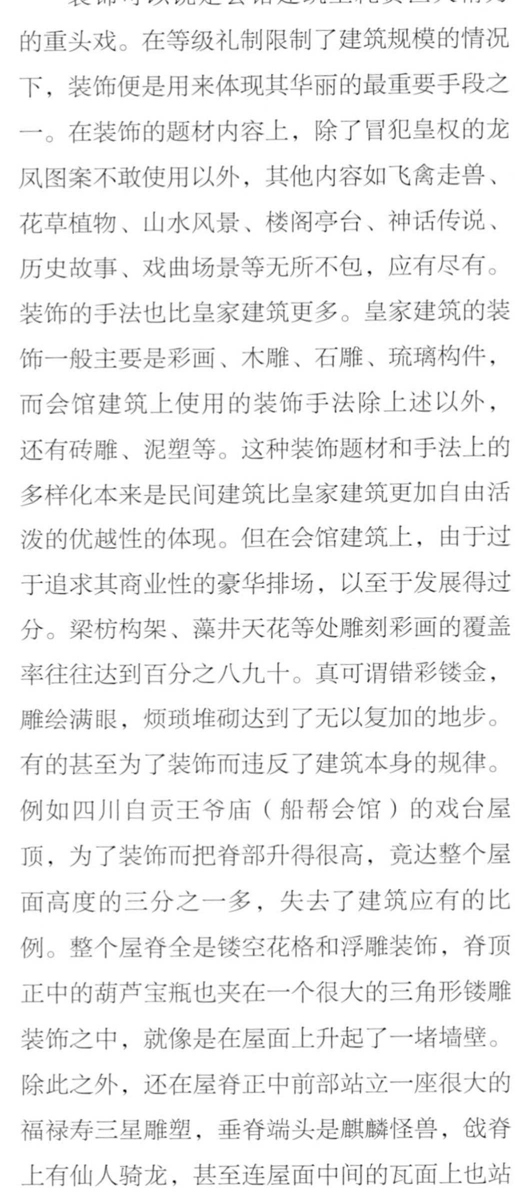

图11-3 安徽亳州关帝庙门枋石雕

这个关帝庙位于安徽省亳州市。其整个门枋上的石构件全部雕满，不留一处空白。虽然雕刻工艺之精美令人惊叹，但整体上使人感觉过于琐碎。

会馆建筑是在中国古代商品经济发展条件下出现的一种新的建筑类型。其产生的社会历史背景决定了它的性质和特征。然而不论怎么说，作为一种历史上从未有过的新的建筑类型，其使用功能上的综合性、空间组合的丰富性、建筑技术和艺术上的成就以及各种地方特点的体现和它们之间的交流融合，都给中国几千年传统建筑的发展带来一种生机。尤其是它作为一种民间文化艺术的代表，在中国封建社会后期皇权走向衰落的时候，它体现了一种新的社会势力和社会文化的崛起。它为中国古代建筑历史的发展写下了一页新的篇章。

图11-4 安徽亳州关帝庙戏台装饰/上图

亳州关帝庙戏台以“花戏楼”著称。台口檐下梁枋上满饰高浮雕戏剧故事，雕工精湛。但在雕刻之上又施彩绘，反而使其雕刻失去了立体感，掩盖了高超的雕刻技艺。

图11-5 浙江宁波庆安会馆装饰/下图

为了互相攀比炫耀财富而过度装饰，木雕、石雕、砖雕、彩绘、涂金等各种手法同时运用，虽雕刻精美，但烦琐堆砌，反而失去了艺术的趣味。

# 大事年表

| 朝代 | 年号 | 公元纪年 | 大事记 |
|---|---|---|---|
| 明 | 永乐十三年 | 1415年 | 明永乐帝恢复科举考试，各地学子云集北京赶考。有家境贫寒者无所依靠，各地官绅纷纷捐资在京设立馆舍，为赴京赶考的家乡学子提供食宿方便，成为地域性会馆产生的重要起因。会馆发展普及到全国以后变成主要为行旅商人聚集的场所。北京的会馆除了各地的商人外，继续为地方官绅、赶考学子提供食宿 |
| | 永乐十九年 | 1421年 | 北京“京都芜湖会馆”创建，位于前门外长巷上三条胡同内。此为目前可知的最早的会馆 |
| | 崇祯八年 | 1635年 | 刘侗、于奕正著《帝京景物略》刊行，第一次考证会馆建筑始于嘉隆年间（明朝嘉靖、隆庆年间），看来与史实有出入 |
| 清 | 康熙三十二年 | 1693年 | 河南周口关帝庙（山陕会馆）建成。建筑宏伟壮丽，石雕、木雕精美，是目前国内保存的规模最大、最完整的会馆之一 |
| | 乾隆十七年 | 1752年 | 四川自贡西秦会馆建成，乾隆元年（1736年）动工兴建，历时16载建成。建筑宏伟壮丽，成为国内最大、最宏伟的会馆建筑之一 |
| | 乾隆四十一年 | 1776年 | 河南开封山陕甘会馆建成。以其精美的砖雕、石雕、木雕艺术美誉冠绝中原，被称为“三绝”。成为河南省内明清时期建筑艺术的瑰宝 |
| | 嘉庆十二年 | 1807年 | 北京湖广会馆建成。内有大戏台，是国内现存规模最大的茶园戏楼之一 |
| | 光绪十年 | 1884年 | 山东烟台福建会馆建成，全部建筑外观造型和细部装饰均为典型的福建闽南式建筑风格，甚至建筑工匠和建筑材料都是从福建运送来的，成为一座典型的建于北方的南方建筑 |

| 朝代 | 年号 | 公元纪年 | 大事记 |
| --- | --- | --- | --- |
| 清 | 光绪十二年 | 1886年 | 李若虹著《朝市从载》，较完整地记录了当时北京城内会馆建筑的情况。当时北京共有会馆建筑392所 |
| | 光绪二十一年 | 1895年 | 《马关条约》签订的消息传到北京，康有为在南海会馆内的“七树堂”写《上皇帝书》，组织发动在北京应试的1300多名举人在河南会馆内联名，上书光绪帝，痛陈民族危亡的严峻形势，提出拒和、迁都、练兵、变法的主张。史称“公车上书”，揭开了戊戌变法的序幕。与此同时，梁启超入住新会会馆；谭嗣同入住浏阳会馆，共同组织、推动维新变法运动 |
| | 光绪二十四年 | 1898年9月25日 | 谭嗣同在北京浏阳会馆被捕。28日被杀害于北京菜市口。此后，浏阳会馆将谭嗣同曾经居住的“莽苍苍斋”专辟为祭堂，每年正月初一湖南在京各界人士汇聚浏阳会馆致祭悼念 |
| 中华民国 | | 1912年8月25日 | 国民党成立大会在北京湖广会馆举行。同盟会、统一共和党、国民共进会、国民公党、共和促进会联合成立国民党。孙中山先生出席大会，并宣布了国民党党纲，被大会推举为国民党理事长 |
| | | 1916年5月 | 鲁迅先生入住北京的绍兴会馆，在此居住7年，写下了著名的《狂人日记》、《孔乙己》等名作，成为新文化运动的主将 |
| | | 1918年12月 | 陈独秀在北京安徽泾县新馆内创办进步刊物《每周评论》，积极推动新文化运动 |

**图书在版编目（CIP）数据**

会馆建筑／柳肃撰文／摄影. —北京：中国建筑工业出版社，2013.10
（中国精致建筑100）
ISBN 978-7-112-15798-3

Ⅰ. ①会… Ⅱ. ①柳… Ⅲ. ①会馆公所-古建筑-建筑艺术-中国-图集 Ⅳ. ① TU-092.2

中国版本图书馆CIP 数据核字（2013）第210135号



责任编辑：董苏华 张惠珍 孙立波
技术编辑：李建云 赵子宽
图片编辑：张振光
美术编辑：赵 清 康 羽
书籍设计：瀚清堂·赵 清 周伟伟 康 羽
责任校对：张慧丽 陈晶晶 关 健
图文统筹：廖晓明 孙 梅 骆毓华
责任印制：郭希增 臧红心
材料统筹：方承艺

中国精致建筑100

**会馆建筑**

柳肃 撰文/摄影

中国建筑工业出版社出版、发行（北京西郊百万庄）
各地新华书店、建筑书店经销
南京瀚清堂设计有限公司制版
北京顺诚彩色印刷有限公司印刷

开本：889×710 毫米 1/32 印张：3 插页：1 字数：125 千字
2015年9月第一版 2015年9月第一次印刷
定价：**48.00**元
ISBN 978-7-112-15798-3
（24348）